# 2014年
# 中国水生动物卫生状况报告
## AQUATIC ANIMAL HEALTH IN CHINA

农业部渔业渔政管理局

Bureau of Fisheries, Ministry of Agriculture

中国农业出版社

# 编辑委员会

# 前　言

2014年，全国渔业经济继续保持较快发展，全社会渔业经济总产值20 858.95亿元，实现增加值9 718.45亿元；全国水产品总产量6 461.52万t，比2013年增长4.69%。其中，养殖产量4 748.41万t，占水产品总产量的73.49%。

2014年，各级渔业行政主管部门及水生动物疫控、推广、科研、教学等机构，紧紧围绕农业部"努力确保不发生重大区域性动物疫情、努力确保不发生重大农产品质量安全事件"的工作目标，认真落实全国水生动物防疫工作会议精神，通过开展国家水生动物重大疫病专项监测计划，提高突发疫情应急处置能力；开展水产养殖动植物疾病监测，提高水产养殖病害预测预报水平；开展水生动物防疫实验室能力测试，提高水生动物防疫体系能力；举办水生动物官方兽医师资培训，推动渔业官方兽医队伍建设和水产苗种产地检疫工作；开展水生动物无规定疫病苗种场建设试点，探索水生动物疫病区域化管理模式；组织制修订水生动物防疫相关标准，促进水生动物防疫工作规范化；充分发挥全国水生动物疾病远程辅助诊断服务网功能，让更多的养殖渔民从中受益，最大程度地降低水生动物疾病发生风险和损失，促进了渔业增效、渔民增收。

目前，我国水生动物疫病仍然处于多发、频发、难防控的态势，各级渔业行政主管部门及水生动物疫控、推广、科研、教学等机构，要不断开拓创新，继续加强水生动物防疫工作，增强疫病的防控能力，为我国水生动物卫生事业作出更大的贡献。

农业部渔业渔政管理局局长 赵兴武

2015年8月

# 目  录

# 第四章 其他相关工作

# 第一章 水产养殖概况

## 一、水产养殖生产情况

2014年，全国水产品总产量6 461.52万t。其中，养殖产量4748.41万t，占水产品总产量的73.49%。海水养殖产量1812.65万t，占水产养殖产量的38.17%；淡水养殖产量2 935.76万t，占水产养殖产量的61.83%。养殖水产品依然占市场供应的主要组成，是我国城乡居民"菜篮子"的当家产品。

全国水产养殖面积838.64万$hm^2$。其中，海水养殖面积230.55万$hm^2$，占水产养殖面积的27.49%；淡水养殖面积608.09万$hm^2$，占水产养殖面积的72.51%。

水产养殖生产方式，主要包括池塘养殖、网箱养殖、底播养殖和筏式养殖等。其中，池塘养殖产量2 319.84万t，占养殖总产量的48.86%；底播养殖产量510.05万t，占养殖总产量的10.74%；筏式养殖产量496.93万t，占养殖总产量的10.47%；网箱养殖产量191.78万t，占养殖总产量的4.04%。池塘养殖仍然是我国水产养殖的主要生产方式。

## 二、水产养殖区域分布情况

全国水产养殖生产主导区，指黄渤海、东南沿海和长江流域"两带一区"出口水产品优势区，长江中下游、华南、西南、"三北"大宗淡水鱼类和名优水产品优势区。该区域渔业经济相对发达，资源条件优越，已形成较好的产业规模和生产基础，集中了全国90%以上的养殖面积和水产品产量。2014年主要养殖种类及产量如下。

（一）草鱼

2014年，全国草鱼养殖产量537.68万t。其中，湖北省91.95万t、广东省74.03万t、湖南省63.48万t，3省产量229.46万t，约占全国草鱼产量的43%；另外，产量超过40万t的还有江西省48.03万t、江苏省43.72万t；产量超过20万t的还有广西壮族自治区32.00万t、安徽省27.05万t、山东省25.05万t、四川省22.14万t。上述9省（自治区）产量427.45万t，约占全国草鱼养殖产量的79%（图1）。

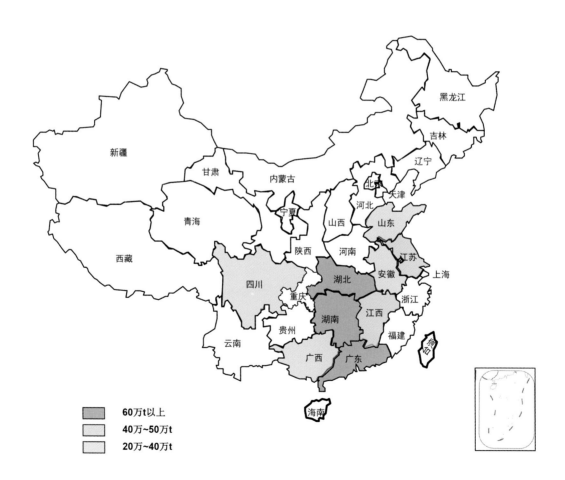

图1　2014年我国草鱼养殖主产区分布图

## （二）鲢

2014年，全国鲢养殖产量422.60万t。其中，湖北省67.32万t、江苏省48.22万t、湖南省42.65万t，3省产量158.19万t，约占全国鲢产量的37%；另外，产量超过20万t的还有安徽省29.71万t、四川省27.49万t、江西省26.30万t、广西壮族自治区24.52万t、山东省24.19万t、广东省23.19万t、河南省20.33万t；产量超过10万t的还有浙江省13.33万t、辽宁省12.56万t。上述12省（自治区）产量359.81万t，约占全国鲢养殖产量的85%（图2）。

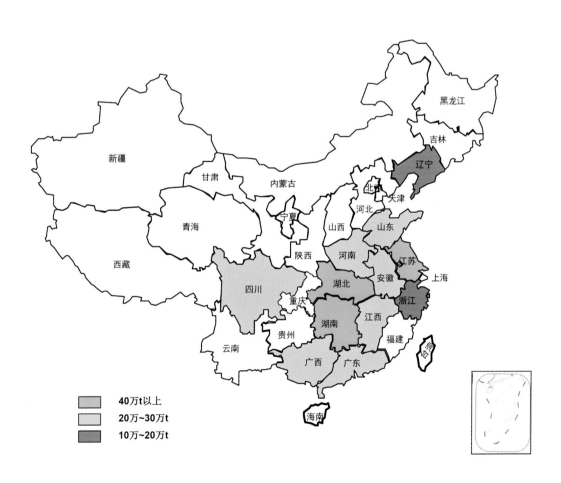

图2　2014年我国鲢养殖主产区分布图

## （三）鳙

2014年，全国鳙养殖产量320.29万t。其中，湖北省42.33万t、广东省38.09万t、江西省35.57万t、湖南省34.65万t，4省产量150.64万t，约占全国鳙产量的47%；另外，产量超过20万t的还有安徽省28.74万t、江苏省24.73万t；产量超过10万t的还有广西壮族自治区17.93万t、山东省15.18万t、四川省14.78万t、河南省13.73万t。上述10省（自治区）产量265.73万t，约占全国鳙养殖产量的83%（图3）。

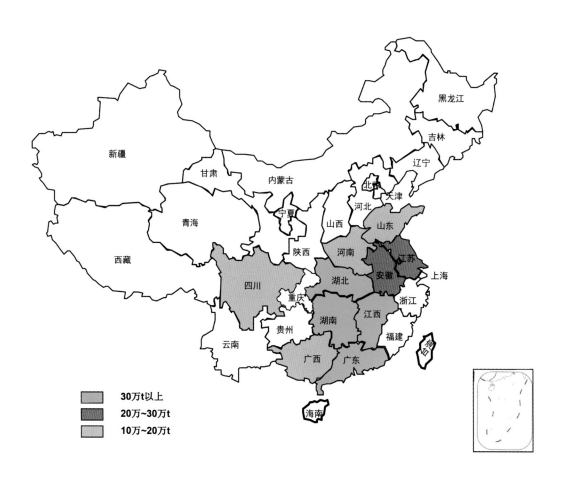

图3　2014年我国鳙养殖主产区分布图

## （四）鲤

2014年，全国鲤养殖产量317.24万t。其中，山东省35.16万t、辽宁省28.14万t、河南省25.69万t，3省产量88.99万t，约占全国鲤产量的28%；另外，产量超过10万t的还有黑龙江省19.11万t、湖北省18.20万t、湖南省17.51万t、广西壮族自治区16.06万t、四川省15.85万t、江苏省15.70万t、江西省14.85万t、河北省14.67万t、云南省13.69万t、广东省12.36万t、天津市12.22万t、安徽省11.56万t。上述15省（自治区、直辖市）产量270.77万t，约占全国鲤养殖产量的85%（图4）。

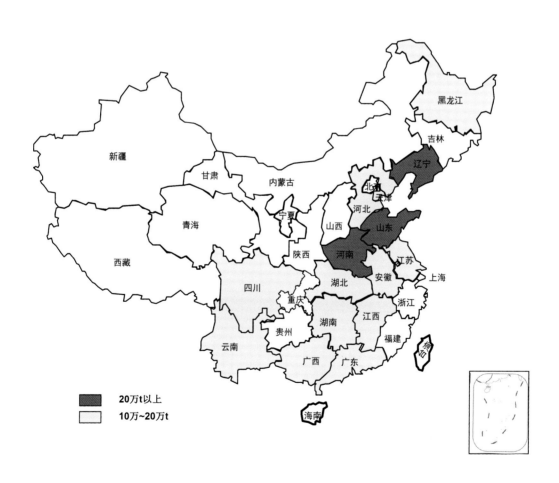

图4　2014年我国鲤养殖主产区分布图

（五）鲫

2014年，全国鲫养殖产量276.79万t。其中，江苏省61.65万t、湖北省44.53万t，2省产量106.18万t，约占全国鲫产量的38%；另外，产量超过10万t的还有江西省20.18万t、安徽省18.71万t、湖南省18.37万t、四川省15.13万t、山东省14.40万t、广东省13.80万t。上述8省产量206.77万t，约占全国鲫养殖产量的75%（图5）。

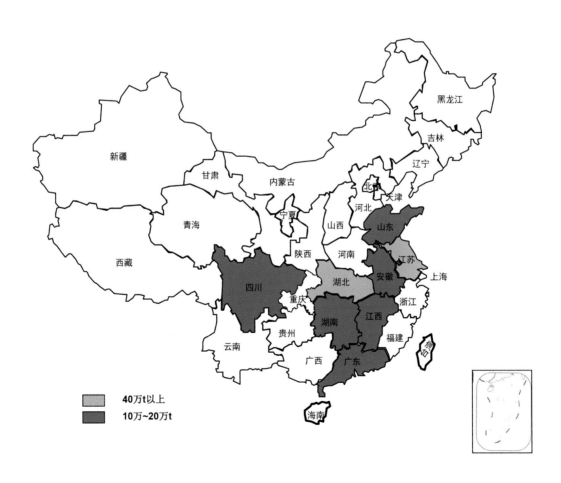

图5　2014年我国鲫养殖主产区分布图

### （六）罗非鱼

2014年，全国罗非鱼养殖产量169.85万t。其中，广东省71.43万t、海南省33.10万t、广西壮族自治区30.69万t，3省（自治区）产量135.22万t，约占全国罗非鱼产量的80%；另外，产量超过10万t的还有云南省14.32万t、福建省13.15万t。上述5省（自治区）产量162.69万t，约占全国罗非鱼养殖产量的96%（图6）。

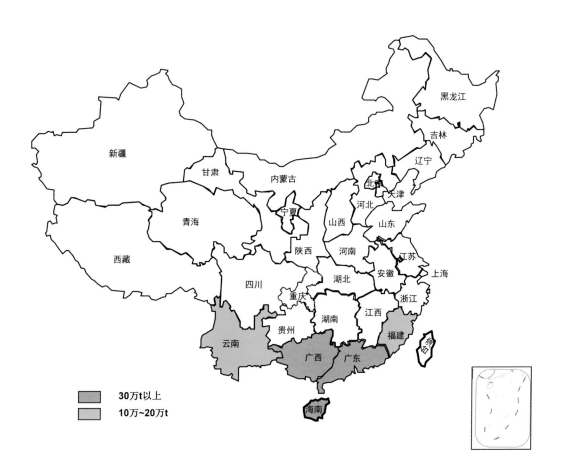

图6　2014年我国罗非鱼养殖主产区分布图

## （七）大黄鱼

2014年，全国大黄鱼养殖产量12.79万t。其中，福建省产量11.45万t，约占全国养殖产量的90%（图7）。其他养殖地区还有广东省、浙江省和山东省等，产量较少。

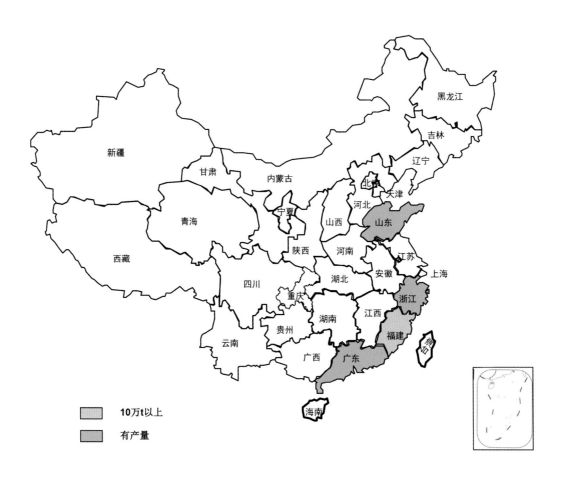

图7　2014年我国大黄鱼养殖主产区分布图

（八）鲆

2014年，全国鲆养殖产量12.64万t。其中，山东省7.22万t、辽宁省3.47万t，2省产量10.69万t，约占全国鲆养殖产量的85%（图8）。

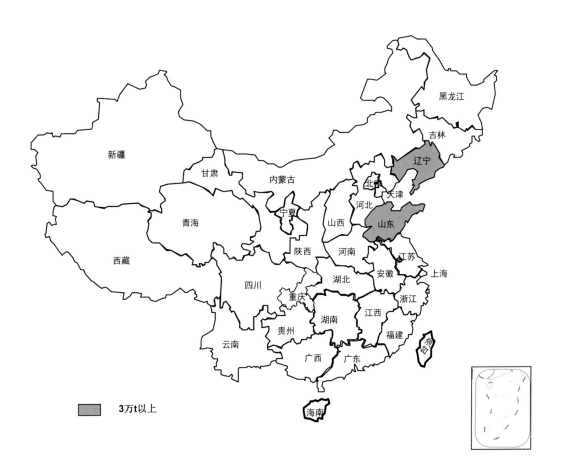

图8　2014年我国鲆养殖主产区分布图

### （九）凡纳滨对虾

2014年，全国凡纳滨对虾养殖产量157.69万t。其中，海水养殖产量87.55万t，淡水养殖产量70.14万t。

在海水凡纳滨对虾养殖中，广东省产量33.88万t、广西壮族自治区22.40万t，2省产量56.28万t，约占全国海水凡纳滨对虾养殖产量的64%；另外，产量超过5万t的还有海南省8.51万t、福建省7.48万t、山东省6.72万t，上述5省（自治区）产量78.99万t，约占全国海水凡纳滨对虾养殖产量的90%（图9）。

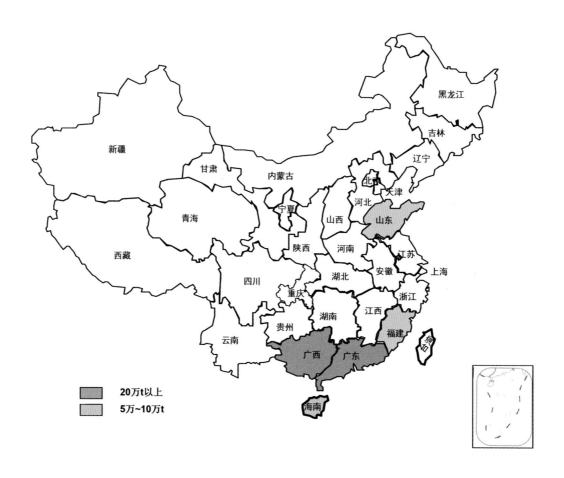

图9 2014年我国海水养殖凡纳滨对虾养殖主产区分布图

在淡水凡纳滨对虾养殖中，产量超过10万t的有广东省24.04万t、江苏省14.06万t，2省产量38.10万t，约占全国淡水凡纳滨对虾产量的54%；另外，产量超过4万t的还有浙江省8.07万t、福建省6.56万t、山东省5.21万t、天津市4.19万t。上述6省（直辖市）产量62.13万t，约占全国淡水凡纳滨对虾养殖产量的89%（图10）。

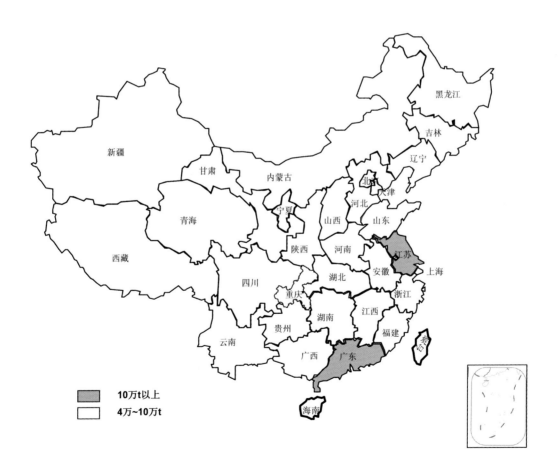

图10　2014年我国淡水养殖凡纳滨对虾养殖主产区分布图

### （十）克氏原螯虾

2014年，全国克氏原螯虾养殖产量65.97万t。其中，湖北省39.30万t、安徽省9.32万t、江苏省8.81万t、江西省6.05万t，4省产量63.48万t，约占全国克氏原螯虾养殖产量的96%（图11）。

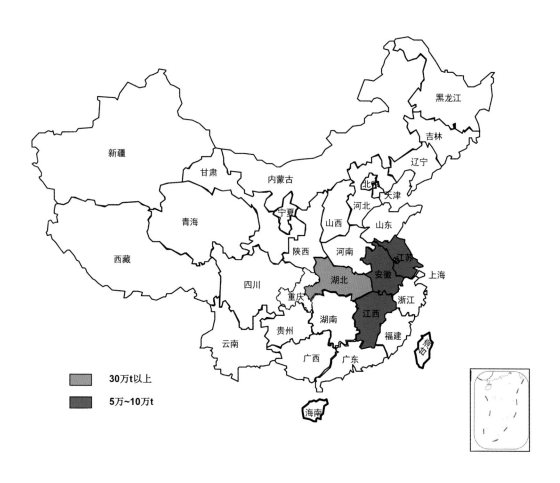

图11　2014年我国克氏原螯虾养殖主产区分布图

### （十一）中华绒螯蟹

2014年，全国中华绒螯蟹养殖产量79.65万t。其中，江苏省35.82万t、湖北省16.65万t、安徽省10.44万t、辽宁省7.88万t，4省产量70.79万t，约占全国中华绒螯蟹养殖产量的89%（图12）。

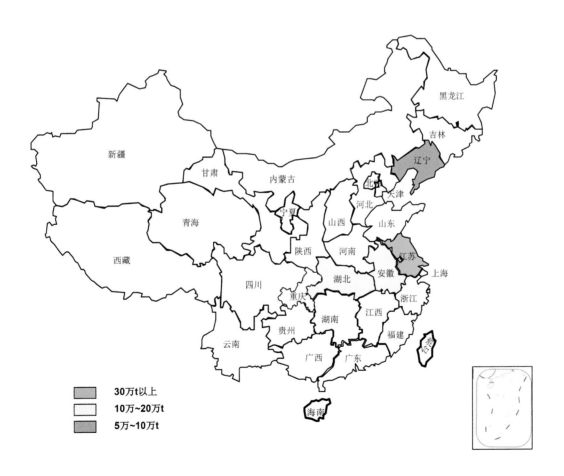

图12　2014年我国中华绒螯蟹养殖主产区分布图

（十二）牡蛎

2014年，全国牡蛎养殖产量435.21万t。其中，福建省161.24万t、广东省107.99万t、山东省80.35万t、广西壮族自治区48.03万t，4省（自治区）产量为397.61万t，约占全国牡蛎养殖产量的91%（图13）。

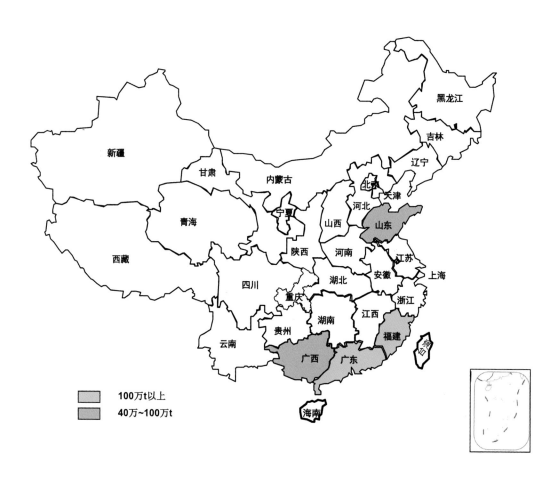

图13　2014年我国牡蛎养殖主产区分布图

## （十三）扇贝

2014年，全国扇贝养殖产量164.49万t。其中，山东省75.68万t、辽宁省40.59万t、河北省37.58万t，3省产量153.85万t，约占全国扇贝养殖产量的93%（图14）。

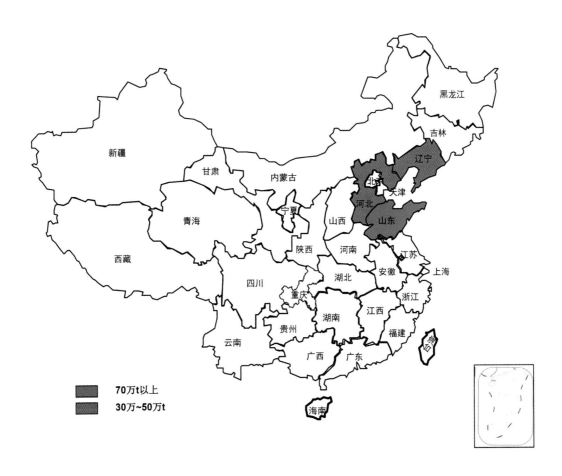

图14 2014年我国扇贝养殖主产区分布图

# 第二章　水生动物防疫体系

## 一、相关机构

### （一）水生动物防疫行政主管部门

农业部是全国水生动物防疫行政主管部门，负责组织、监督国内水生动物防疫检疫工作，发布疫情并组织扑灭。国家质量监督检验检疫总局，负责出入境水生动物及产品的检疫工作。

农业部渔业渔政管理局,负责以下工作：参与起草、制订水生动物防疫相关法律、法规、应急预案、技术规范、标准以及规划、计划等；承担水生动物防疫检疫、水生动植物病害防控相关工作，指导水产养殖病害测报工作，制定水生动物疫病国家监测计划并组织实施，组织、指导水生动物病害风险评估；组织、指导水生动物疫情监测和防控；指导防疫体系建设；配合对水生动物疫病诊疗机构进行指导和监管；指导从事水生动物疫病防治乡村兽医的登记管理和队伍建设等。

农业部兽医局统一组织动物防疫国际合作、官方兽医和执业兽医监督等工作。

县级以上渔业行政主管部门，负责以下工作：依照水生动物防疫法律、法规和规章，制订本辖区水生动物防疫规划，并负责组织实施；起草、制订地方水生动物防疫法规、技术规范、管理办法等有关规定；

指定并监督管理辖区内水生动物检测机构；组织水生动物疫病监测，制订水生动物疫情应急预案，并组织实施；建立疫情报告体系，负责本辖区疫情的调查、收集及通报；组织对水生动物疫病预防的宣传教育、技术咨询、培训和指导，开展相关科研和技术推广工作；依法受委托开展本辖区水产苗种产地检疫和执法监督；开展本辖区渔业乡村兽医登记管理。

### （二）水生动物防疫机构

1.国家水生动物防疫机构

全国水产技术推广总站　农业部直属事业单位，承担水生动物疫病监测、预报、预防等公益性职责。

2014年，全国水产技术推广总站组织各省（自治区、直辖市）开展水产养殖病害测报，编发《水产养殖动植物病情月报》，发布水产养殖病害预测预报信息；按照农业部渔业渔政管理局要求，组织23个省(自治区、直辖市)实施《2014年国家水生动物疫病监测计划》，对鲤春病毒血症等5种重要疫病进行监测、分析和流行病学调查；组织开展水生动物防疫实验室检测能力测试；拓展水生动物疾病远程辅助诊断网服务功能，提供病害防治服务；组织开展水生动物防疫标准的制修订和审定工作；组织参加OIE、NACA等相关国际或区域性组织的活动等。

2.省级水生动物防疫机构

至2014年年底，北京、天津、河北、辽宁、上海、江苏、浙江、安徽、福建、江西、山东、湖北、湖南、广西、海南、四川、深圳17个省（自治区、直辖市、计划单列市）已经建立省级水生动物防疫检疫实验室。天津、广东2个省（直辖市）水生动物疫病预防控制中心为独立法人单位；江苏、浙江、福建、湖南、深圳等省（自治区、直辖市、计划单列市）编办已批复其省级水产技术推广机构加挂水生动物疫病预防控制中心牌子； 北京、天津、河北、江苏、浙江、江西、山东、广西、深圳等省（自治区、直辖市、计划单列市）水生动物疫病预防控制机构已经取得疫病检测实验室计量认证或实验室认可等相关资质。省级水生动物防疫机构承担辖区内水生动物疫病监测、检测、诊断、流行病学调查、疫情报告以及其他预防、控制等一系列公益性职责。

### 3.地（市）级、县级水生动物防疫机构

至2014年年底，我国有地（市）级水产技术推广站333个、县级站2 129个。根据全国水生动物防疫体系建设规划，由中央财政投资在628个县级水产技术推广站建设县级水生动物防疫站，主要承担辖区内水生动物疫病监测、防疫检疫及病害防治技术服务等公益性职能。

### (三)水生动物防疫技术支撑机构

#### 1.世界动物卫生组织（OIE）水生动物疫病参考实验室

我国现有2个世界动物卫生组织（OIE）水生动物疫病参考实验室。中国水产科学研究院黄海水产研究所"海水养殖生物疾病控制与分子病理学实验室"为OIE白斑综合征（WSD）和传染性皮下与造血器官坏死病（IHHN） 参考实验室；深圳出入境检验检疫局动植物检验检疫技术中心"水生动物检验检疫实验室"为OIE鲤春病毒血症（SVC）参考实验室。

#### 2.水生动物疫病重点实验室

目前，我国已建设3个水生动物疫病重点实验室，分别是中国水产科学研究院黄海水产研究所 "海水养殖生物疾病控制与分子病理学实验室"、长江水产研究所"长江流域水生动物疫病重点实验室"和珠江水

产研究所"珠江流域水生动物疫病重点实验室"。

### 3.水生动物病原库

1998年，农业部在上海海洋大学投资建设了一个水生动物病原库，保藏对象包括与水产行业相关的微生物、细胞株和质粒等培养物。

### 4.有关教学、科研机构水生动物疫病研究室

国家和地方有关教学、科研机构内部设立的水生动物疫病研究室、实验室，开展水生动物疫病监测、诊断、防控措施等技术研究工作。

### 5.外检等其他系统相关机构

国家质量监督检验检疫总局出入境检验检疫局等相关机构的技术部门，在我国水生动物防疫工作中也发挥着重要技术支撑作用。

2014年，上述技术支撑机构分别在国家水生动物疫病监测、国内重大疫病诊断、突发疫情处置、防控措施研究、防疫标准与规范的制修订、实验室能力测试、疫病区域化管理试点、疫苗研发、OIE《水生动物卫生法典》和《水生动物疾病诊断手册》修订、协助我国渔业行政主管部门向OIE通报疫情信息等方面开展了大量工作，为各级渔业主管部门水生动物疫病管理决策和全国水生动物防疫工作提供技术支撑。

### （四）其他相关机构

#### 1.农业部水产养殖病害防治专家委员会（以下简称"专家委员会"）

"专家委员会"成立于2012年，主要职责是：为国家水产养殖病害防治和水生动物防疫相关工作提供决策和技术咨询；向政府部门反映国家水产养殖病害防治和水生动物防疫中的问题,并提出对策建议；参与

突发、重大、疑难水生动物疫病的诊断、应急处置；水产养殖病害防治和防疫检疫技术培训；开展学术交流和国际合作工作等。2014年年底，"专家委员会"共有委员57名。

2.全国水产标准化委员会水生动物防疫标准化技术工作组（以下简称"工作组"）

"工作组"成立于2001年，主要负责是：提出水生动物防疫标准化工作的方针、政策及技术措施等建议；组织编制水产动物防疫标准制修订规划，组织起草、审定和修订水生动物防疫的国家标准、行业标准；负责水生动物防疫标准的宣传、释义和技术咨询服务等工作；承担水生动物防疫标准化技术的国际交流和合作等。"工作组"业务上接受农业部渔业渔政管理局和全国水产标准化技术委员会的领导，秘书处设在农业部全国水产技术推广总站。

至2014年年底，"工作组"已组织制修定水生动物防疫国家和行业标准107项。其中，13项国家标准和57项行业标准已公布（附录1和附录2）。

## 二、水生动物防疫队伍

### （一）官方兽医

根据《动物防疫法》和《国务院关于推进兽医管理体制改革的若干意见》的要求，农业部积极推进动物卫生监督执法人员官方兽医资格确认工作，目前湖南省已确认官方兽医(水产)约1 128名。

2014年，农业部组织举办了2期水生动物官方兽医师资培训班，来自全国各省（自治区、直辖市）及新疆生产建设兵团渔业主管部门、水产技术推广机构、水生动物疫病预防控制机构的180名学员通过培训，考试合格，获得了农业部渔业渔政管理局颁发的结业证书。

## （二）执业兽医

至2014年年底，我国取得水生动物执业兽医资格人员共计2 153人。其中，通过全国水生动物执业兽医考试，获得水生动物类执业兽医师资格的841人，获得水生动物类执业助理兽医师资格的760人；经考核授予水生动物执业兽医师资格的552人。

从年龄构成来看，20岁至49岁的水生动物类执业兽医约占82.6%，是这支队伍的主力军。见附录3（1）。

从学历构成来看，本科以上学历的水生动物类执业兽医约占80.6%，其中，硕士研究生以上学历者约占12.5%。见附录3（2）。

从职业构成来看，在水产行政、渔政、水产技术推广、疫控机构等水产工作机构从业的水生动物类执业兽医约占35.95%；在水产养殖单位从业的约占14.54%；在渔用兽药生产经营企业从业的约占13.89%。见附录3（3）。

## （三）乡村兽医

目前，全国登记注册的渔业乡村兽医共有25 595人。分布在县、乡镇水产技术推广或水生动物防疫机构以及渔业饲料和水产养殖用药生产企业，以45岁以上和大专以下学历者居多。

## （四）水生动物防疫机构从业人员

至2014年年底，我国省、地（市）、县三级水生动物疫病防控技术支撑机构（包括水生动物疫病预防与控制机构、水生动物病害防治机构，或具有水生动物疫病预防控制、病害防治职能的机构）从业人员7 613人。其中，省级机构从业人数约占9.2%；地（市）级约占19.2%；县级约占71.6%。

# 第三章  水生动物疫病监测

## 一、水产养殖病害测报

### （一）概况

2014年，全国水产技术推广总站继续组织30个省级水生动物防疫技术支撑机构，开展水产养殖病害测报工作。全国设置测报点 4 200余个，有8 000名测报员参与监测；测报面积约30万$hm^2$，占全国水产养殖面积的 3.6%；共监测到75种水产养殖种类发病，监测到疾病80种。在对各地测报信息进行汇总、分析的基础上，组织开展病害预测预报，全年与农业部渔业渔政管理局联合编发《水产养殖动植物病情月报》9期，全国水产养殖病害预测预报信息7期，组织26个省（自治区、直辖市）及新疆生产建设兵团发布辖区内水产养殖疾病防控信息144条，并通过《中国水产》《中国渔业报》、"中国农业信息网"以及"全国水生动物疾病远程辅助诊断网"等平台发布，服务养殖生产。

农业部渔业渔政管理局和全国水产技术推广总站联合发布的《水产养殖动植物病情月报》

刊登在《中国水产》
上的预测预报信息

## （二）发病养殖种类

据测报数据统计，2014年各地共报告发病养殖种类75种。其中，鱼类50种、甲壳类10种、两栖/爬行类3种、贝类10种，其他动物2种（表1）。

表1　2014年发病养殖种类

| 类　别 | | 养　殖　种　类 | 数　量 |
|---|---|---|---|
| 鱼类 | 淡水养殖 | 草鱼、鲢、鳙、鲤、鲫、罗非鱼、鳊、青鱼、乌鳢、鲶、黄鳝、大口黑鲈、河鲈、泥鳅、黄颡鱼、鳜、斑点叉尾鮰、鳗鲡、鲟、虹鳟、长吻鮠、鲑、鲂、鲮、鲷、翘嘴红鲌、倒刺鲃、淡水白鲳、云斑尖塘鳢、裂腹鱼、梭鱼、锦鲤、金鱼 | 33 |
| | 海水养殖 | 大黄鱼、牙鲆、大菱鲆、尖吻鲈、七星鲈、石斑鱼、美国红鱼、真鲷、黑鲷、黄鳍鲷、斜带髭鲷、军曹鱼、高体鰤、河鲀、卵形鲳鲹、半滑舌鳎、鮸 | 17 |
| 甲壳类 | 虾类 | 凡纳滨对虾、克氏原螯虾、罗氏沼虾、斑节对虾、中国对虾、日本对虾、日本沼虾 | 7 |
| | 蟹类 | 中华绒螯蟹、青蟹、三疣梭子蟹 | 3 |
| 两栖/爬行类 | | 中华鳖、牛蛙、大鲵 | 3 |
| 贝类 | | 牡蛎、中国蛤蜊、菲律宾蛤仔、扇贝、缢蛏、泥蚶、东风螺、鲍、蚌（三角帆蚌、池蝶蚌）、珍珠贝、 | 10 |
| 其他 | | 刺参、海蜇 | 2 |
| 合　计 | | | 75 |

（三）疾病种类

2014年，各地共监测到水生动物疾病80种。其中，鱼类疾病46种，包括病毒病8种、细菌病17种、真菌病2种、寄生虫病19种；虾类疾病13种，包括病毒病6种、细菌病5种、真菌病1种、寄生虫病1种；蟹类疾病7种，包括细菌病4种、真菌病1种、寄生虫病1种、病原尚不确定1种；贝类疾病4种，包括细菌病3种、寄生虫病1种；两栖类疾病3种，都为细菌病；爬行类疾病7种，包括：病毒病2种、细菌病4种、真菌病1种。具体如下：

1. 鱼类

（1）病毒病　鲤春病毒血症、草鱼出血病、传染性脾肾坏死病、锦鲤疱疹病毒病、传染性造血器官坏死病、鲤痘疮病、鲫造血器官坏死病和淋巴囊肿病。

（2）细菌病　淡水鱼细菌性败血症、鮰类肠败血症、迟缓爱德华菌病、链球菌病、弧菌病、诺卡菌病、假单胞菌病、细菌性肾病、烂鳃病、赤皮病、肠炎病、竖鳞病、打印病、疖疮病、白皮病、白头白嘴病和脱黏病。

（3）真菌病　水霉病、鳃霉病。

（4）寄生虫病　刺激隐核虫病、小瓜虫病、黏孢子虫病、三代虫病、指环虫病、斜管虫病、车轮虫病、中华鳋病、锚头鳋病、鱼虱病、鲺病、绦虫病、本尼登虫病、隐鞭虫病、杯体虫病、瓣体虫病、线虫病、波豆虫病和艾美虫病。

2. 虾类

（1）病毒病　白斑综合征、桃拉综合征、黄头病、传染性皮下和造血器官坏死病、罗氏沼虾白尾病和急性肝胰腺坏死综合征。

（2）细菌病　红腿病、烂鳃病、烂尾病、肠炎病和弧菌病。

（3）真菌病　水霉病。

（4）寄生虫病　固着类纤毛虫病。

3. 蟹类

（1）细菌病　弧菌病、甲壳溃疡病、肠炎病和烂鳃病。

（2）真菌病　水霉病。

（3）寄生虫病　固着类纤毛虫病。

（4）病原尚不确定　河蟹颤抖病。

4. 贝类

（1）细菌病　鲍脓疱病、嗜水气单胞菌病和弧菌病。

（2）寄生虫病　缨鳃虫病。

5. 两栖类（牛蛙）

细菌病　牛蛙链球菌病、牛蛙红腿病和蛙胃肠炎病。

6. 爬行类（中华鳖）

（1）病毒病　腮腺炎病、鳖红底板病。

（2）细菌病　鳖穿孔病、鳖红脖子病、胃肠炎病和迟缓爱德华菌病。

（3）真菌病　水霉病。

## （四）病害经济损失

1. 总体经济损失

2014年，我国水产养殖因病害造成的经济损失约140亿元（仅指水生动物），占水产养殖产值的1.78%。在因病害造成的经济损失中，甲壳类损失占52%，鱼类占33%，贝类占11%，其他养殖种类占4%（图15）。

### 2. 主要养殖种类病害经济损失

（1）鱼类 因病害造成经济损失最高的是草鱼，约9.8亿元；其次是罗非鱼，约8.4亿元。病害损失较大的其他主要养殖品种还有：鲫约4.9亿元，鲤约3.7亿元，鳜约3.5亿元，鲢、鳙约2.4亿元，鲈约1.6亿元，石斑鱼约1.2亿元，鲆约1.0亿元，大黄鱼约0.8亿元。

（2）虾类 因病害造成经济损失最高的是对虾（包括凡纳滨对虾、中国对虾、日本对虾和斑节对虾等），约55.5亿元。其中，凡纳滨对虾约52.6亿元；另外，克氏原螯虾约2.9亿元，沼虾（日本沼虾和罗氏沼虾）约2.9亿元。

（3）蟹类 因病害造成经济损失最高的是中华绒螯蟹，约10.4亿元；其次是三疣梭子蟹，约0.8亿元；青蟹约0.38亿元。

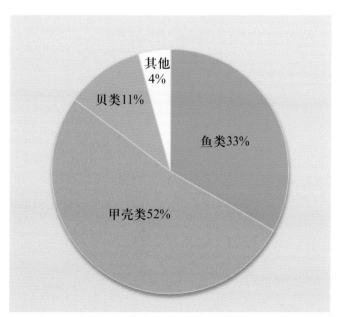

图15 2014水产养殖种类因病害造成的直接经济损失比例

## 二、国家水生动物疫病监测

2014年，农业部组织实施了《国家水生动物疫病监测计划》，对鲤春病毒血症、白斑综合征、传染性造血器官坏死病、锦鲤疱疹病毒病和刺激隐核虫病5种重要疫病进行了专项监测，成立了专家工作组，确定了各疫病首席专家（附录4），并对5种重要疫病监测数据进行了分析，对其发病风险进行了研判。

### （一）鲤春病毒血症（SVC）

*1. 监测情况*

2014年，SVC的监测范围是北京、天津、河北、辽宁、吉林、黑龙江、上海、江苏、安徽、江西、山东、河南、湖北、湖南、四川、重庆、陕西和新疆18省（自治区、直辖市），监测对象是鲤科鱼类。

18省（自治区、直辖市）共设置监测养殖场点565个，检出阳性19个，平均阳性养殖场点检出率为3.4%。在565个监测养殖场点中，国家级原良种场14个，1个阳性，检出率是7.1%；省级原良种场81个，5个阳性，检出率是6.2%；重点苗种场156个，3个阳性，检出率是1.9%；观赏鱼养殖场71个，3个阳性，检出率是4.2%；成鱼养殖场243个，7个阳性，检出率是2.9%（图16）。

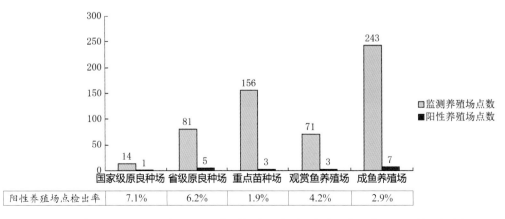

图16　2014年SVC各种类型养殖场点的阳性检出情况

18省（自治区、直辖市）共采集样品891批次,检出阳性样品22批次，平均阳性样品检出率为2.5%。

在18省（自治区、直辖市）中，北京、天津、河北、上海、江苏、江西、湖北、四川和新疆9省（自治区、直辖市）检测出了阳性样品，9省（自治区、直辖市）的平均阳性样品检出率为4.2%；平均阳性养殖场点检出率为6.8%，其中，四川和新疆的阳性养殖场点检出率均高达33.3%（图17）。

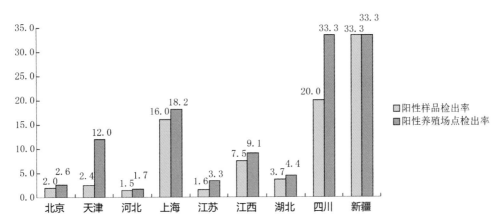

图17　2014年9个阳性省份的阳性养殖场点检出率和阳性样品检出率(%)

阳性样品种类有鲤、鲫、锦鲤、金鱼、鲢、建鲤和鳙等。其中，鲤、鲫、锦鲤、金鱼阳性样品约占80%。

在2014年的实际养殖生产中未发生SVC疫情。SVC监测情况见附录5（1）。

2. 风险分析及建议

从阳性样品种类来看，鲤、锦鲤、鲫和金鱼所占比例较高，是因为鲤、锦鲤和金鱼是SVC的敏感宿主，采样对象主要集中在这几个种类。但是鲫、草鱼、鲢和鳙都有阳性样品检出，这点值得关注，分析认为鲤科鱼类有广泛带毒的可能性。

从地域分布来看，2014年虽然只有9个省（自治区、直辖市）检出了阳性样品，但是根据往年的监测报告，参与监测的18个省（自治区、直辖市）中，有17个省（自治区、直辖市）分别在不同的年份检出阳性样品。分析认为，SVC病原在我国鲤科鱼类养殖区可能有广泛的分布，但目前对其分布规律尚未完全掌握。

从阳性养殖场点的类型来看，国家级和省级原良种场、重点苗种场、观赏鱼场均有不同程度的阳性检出，这是病原传播的重要隐患。其中，国家级和省级原良种场阳性检出率超过6%，需要当地特别关注和重视。

从病原基因型来看，目前我国分离到的SVC病原为Ia基因亚型，即中国株和美国株。从各地监测报告来看，近年我国没有发生SVC疫情，分析认为Ia基因亚型毒力相对较弱，现行防控措施基本可以将其控制在局部区域，短时间内在我国不会出现大面积的SVC暴发和流行。

建议今后应加强对SVC的专项监测，准确掌握其病原分布情况；扩大监测种类范围，关注养殖产量较大的鲤科鱼类的带毒情况；加大对国家级和省级原良种场、重点苗种场及观赏鱼场的监测力度，首先对国家级、省级原良种场在监测上实行全覆盖，同时加强苗种产地检疫，从源头控制病原传播；应高度关注SVC致病力较强的欧洲传统基因型毒株传入我国的风险。

## （二）白斑综合征（WSD）

### 1. 监测情况

2014年，WSD的监测范围是天津、河北、辽宁、江苏、浙江、福建、山东、广东和广西9省（自治区、直辖市），监测对象是甲壳类。

9省（自治区、直辖市）全年共设置监测养殖场点494个，检出阳性135个，平均阳性养殖场点检出率27.3%。在494个监测养殖场点中，国家级原良种场2个，1个阳性，检出率是50.0%；省级原良种场15个，

3个阳性，检出率是20.0%；重点苗种场198个，26个阳性，检出率是13.1%；成虾养殖场279个，105个阳性，检出率是37.6%（图18）。

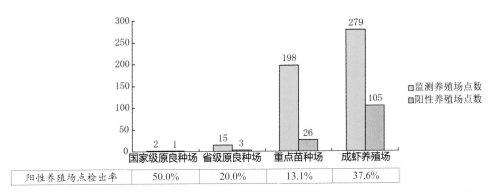

图18　2014年WSD各种类型养殖场点的阳性检出情况

9省（自治区、直辖市）共采集样品1 152批次，检出阳性样品191批次，平均阳性样品检出率为16.6%。

在9省（自治区、直辖市）中，除辽宁外，其他8省（自治区、直辖市）均检出了阳性样品。检出阳性样品的8省（自治区、直辖市）平均阳性养殖场点检出率是28.9%，福建阳性养殖场点检出率达到100%；平均阳性样品检出率是17.3%（图19）。

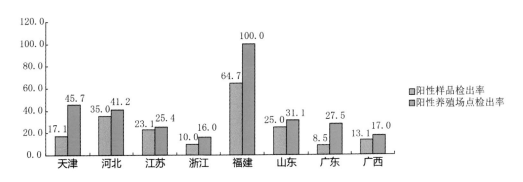

图19　2014年8个阳性省份的阳性养殖场点检出率
和阳性样品检出率（%）

阳性样品种类有凡纳滨对虾、克氏原螯虾、中国对虾、罗氏沼虾、日本对虾、青虾和蟹等。其中，凡纳滨对虾阳性样品的数量最多，约占全部阳性样品的80%；克氏原螯虾，约占6%；中国对虾、罗氏沼虾、日本对虾和蟹，均约为3%。

2014年，局部地区凡纳滨对虾发生了WSD疫情，江苏等克氏原螯虾养殖区还发生了克氏原螯虾WSD疫情。WSD监测情况见附录5（2）。

2. 风险分析及建议

从阳性样品种类来看，多种甲壳类均检出了阳性样品，江苏等克氏原螯虾养殖区还发生了WSD疫情，这是我国首次检测出克氏原螯虾感染WSD病原。分析认为，WSD病原宿主范围涵盖多种甲壳类，并有扩大趋势。

从区域分布来看，纳入监测的9省（自治区、直辖市）中，有8省（自治区、直辖市）均检出了阳性样品，平均阳性养殖场点检出率达28.9%，说明WSD病原在我国甲壳类养殖区广泛存在，并且带毒率很高。辽宁虽未检出阳性样品，但尚不能说明辽宁未感染WSD病原，分析认为可能与其刚刚纳入监测，采样、送检等环节操作不规范有关。

从阳性养殖场点的类型来看，国家级原良种场、省级原良种场和重点苗种场均有较高的阳性检出率，这是虾类产业的巨大隐患。

建议今后应持续开展对WSD的专项监测，并严格规范监测工作；加强对原良种场和重点苗种场的监测，杜绝带毒虾苗的流通；加强虾类苗种产地检疫，从源头阻止病原传播；建设虾类无规定疫病苗种场，提高苗种安全水平；同时，密切关注WSD病原宿主范围扩大动向，提前做好防范。

另外，由于近年来我国对虾养殖产业中，先后有急性肝胰腺坏死综合征（AHPND）、黄头病（YHD）等新发疫病出现，多种病原的共同感染约占虾类疫病的60%，对虾类养殖业造成巨大威胁。建议在开展

WSD监测的同时，应开展虾类其他重要疫病的监测，为制定综合防控措施提供依据。

### （三）传染性造血器官坏死病（IHN）

1. 监测情况

2014年，IHN的监测范围是北京、河北、辽宁、山东和甘肃5省（直辖市），监测对象是鲑鳟鱼类。

5省（直辖市）共设置监测养殖场点128个，检出阳性47个，平均阳性养殖场点检出率是36.7%。在128个监测养殖场点中，重点苗种场13个，4个阳性，检出率是30.8%；成鱼养殖场111个，43个阳性，检出率是38.7%（图20）。

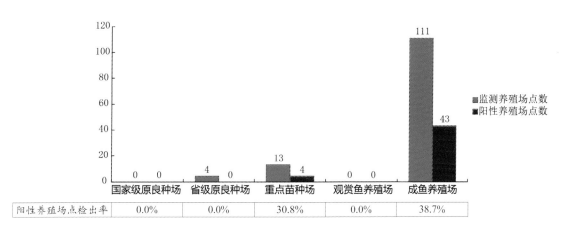

图20 2014年IHN各种类型养殖场点的阳性检出情况

5省（直辖市）共采集样品298批次，检出阳性样品61批次，平均阳性样品检出率是20.5%。

在5省（直辖市）中，北京、河北和山东检出了阳性样品，3省（直辖市）平均阳性养殖场点检出率是71.2%，平均阳性样品检出率是40.0%（图21）。

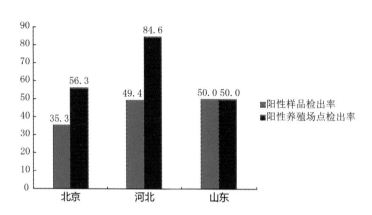

图21　2014年3省份阳性监测养殖场点检出率和阳性样品检出率（%）

阳性样品主要是虹鳟、金鳟。

在2014年实际养殖生产中，局部发生了IHN疫情。IHN监测情况见附录5（3）。

2. 风险分析及建议

从地域分布来看，2014年参与监测的5省（直辖市）中，北京、河北和山东3省（直辖市）检出了阳性样品。但是从往年的监测报告来看，甘肃省和辽宁省在不同年份也分别检出过阳性样品。甘肃省2005年发生IHN疫情后，至今尚未完全恢复生产；辽宁省虽然没有检出阳性样品，但是鲑鳟鱼苗种发病死亡的情况也很严重。分析认为，IHN病原在我国鲑鳟鱼养殖区广泛分布，没有检出阳性样品，可能与采样、送样环节的操作以及使用的检测标准不规范有关。

从阳性检出率来看，检出阳性样品的3省（直辖市）的平均阳性监测养殖场点检出率是71.2%，河北省的阳性监测养殖场点检出率达到82.5%。近年来，各地鲑鳟鱼苗种与成鱼养殖场均有发病死亡情况，尤其1～2月龄苗种的发病死亡危害更大，一旦感染，死亡率通常在90%以上。分析认为，IHN已成为危害我国鲑鳟鱼产业的重要疫病。

从阳性养殖场点类型来看，一些原良种场和重点苗种场也检出了阳性样品，这是病原传播的重大隐患。如果不及时采取相应防控措施，今后IHN的危害还会加剧。

建议应进一步完善《国家水生动物疫病监测计划》实施方案，根据各地鲑鳟鱼养殖规模和原良种场、苗种场的数量，合理设置监测养殖场点，规范采样时间、频度、尾数、规格以及检测标准等，确保检测结果的准确性，准确把握IHN流行情况，为科学有效制定防控措施奠定基础；加强苗种产地检疫，建设鲑鳟类鱼的无规定疫病苗种场，加强对国家级、省级原良种场及重点苗种场的管理，从源头控制病原传播。

### （四）锦鲤疱疹病毒病（KHVD）

#### 1.监测情况

2014年，我国首次对KHVD实施了专项监测，监测范围是北京、天津、河北、辽宁、吉林、黑龙江、江苏、浙江、安徽、江西、广西、四川、重庆和甘肃14省（自治区、直辖市），监测对象是鲤和锦鲤。

14省（自治区、直辖市）共设置监测养殖场点220个，检出阳性4个，平均阳性养殖场点检出率1.8%；共采集样品318批次，检出阳性样品4批次，平均阳性样品检出率为1.3%。

4个阳性监测养殖场点中，3个是广西的禾花鲤重点苗种场。广西设置的监测养殖场点共19个，阳性检出率是15.8%；广西共采集样品31批次，阳性样品检出率是9.7%。

另一个KHVD阳性养殖场点是江苏的锦鲤观赏鱼养殖场，江苏共设置监测养殖场点17个，1个阳性，检出率是5.9%；共采集样品33批次，阳性样品检出率3.0%。

江苏省水生动物疫病预防控制中心对江苏锦鲤观赏鱼养殖场的阳性样品病原进行了测序，基因型同KHV美国株ORF25。

在2014年实际养殖生产中未发生KHVD疫情。KHVD监测情况见附录5（4）。

2.风险分析及建议

从地域分布来看，14省（自治区、直辖市）中，只有广西和江苏检出了KHVD阳性样品，尚未大面积携带病原，仅呈点状分布。分析认为，在近期内可能不会出现大规模KHVD疫情。但由于我国对KHVD的监测是2014年刚刚开始，掌握的数据还十分有限，尚不能忽视其他地域携带病原的可能性。

从阳性养殖场点类型来看，阳性样品主要出自重点苗种场和观赏鱼场。目前，我国观赏鱼年产量已经突破23.6亿尾，年贸易额已经超过393.69万美元。伴随流通日益频繁，其潜在的危害不容小觑；阳性重点苗种场更是病原传播的隐患。

建议应继续做好KHVD的专项监测。对阳性样品全部进行病原基因型测序，准确掌握KHVD流行病学规律，为制定防控措施提供依据；对观赏鱼养殖场建立长期监督机制，对于购进的观赏鱼，应做好前期的隔离暂养工作；加强苗种产地检疫，加大对重点苗种场的监测力度，限制未经检疫的亲本、苗种及其他遗传材料的流通,特别是跨地域引种时，应当提前了解当地或附近区域是否发生过水生动物疫病，避免从疫区引种。

（五）刺激隐核虫病

1.监测情况

2014年，刺激隐核虫病的监测范围是浙江、福建和广东3省，监测对象是海水鱼类。

3省共设置监测养殖场点71个，检出阳性19个，平均阳性养殖场点检出率为26.8%，其中，浙江省的阳性养殖场点检出率达到50%。在71

个监测养殖场点中，国家级原良种场1个，该场检出了阳性样品,检出率100%；成鱼养殖场69个，18个阳性，检出率是26.1%（图22）。

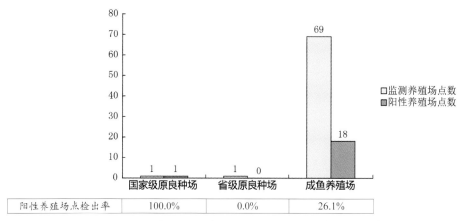

图22　2014年刺激隐核虫各种类型养殖场点的阳性检出情况

3省全年共采集样品584批次，检出阳性样品96批次，平均阳性样品检出率16.4%（图23）。

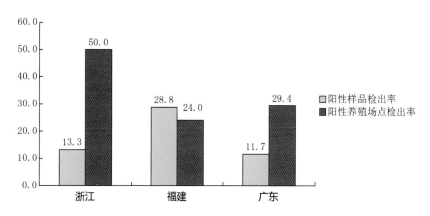

图23　2014年刺激隐核虫平均阳性养殖场点检出率
和阳性样品检出率（%）

阳性样品种类有各种规格的大黄鱼、黑鲷、金钱鲷、花尾胡椒鲷、军曹鱼、卵形鲳鲹和美国红鱼。其中，大黄鱼的阳性样品约占76%。

在2014年实际养殖生产中，局部发生了刺激隐核虫疫情。刺激隐核虫病监测情况见附录5（5）。

2.风险分析及建议

从阳性样品种类来看，刺激隐核虫几乎可以感染所有海水养殖鱼类，对海水鱼类种类和规格没有明显的选择性。大黄鱼阳性样品所占比例较大，分析认为是与近年大黄鱼养殖规模大、养殖密度高、是主要的监测对象有关。

从地域分布来看，参与监测的3省均有阳性样品检出，并且检出率很高。分析认为，刺激隐核虫在我国海水鱼养殖区广泛存在。

从阳性养殖场点类型来看，除了成鱼养殖场外，国家级原良种场也检出了阳性样品，这是病原传播的重要隐患。

从养殖生产中的发病特征来看，刺激隐核虫具有高致病性和高暴发性特征，发病后短时间内可导致发病鱼大量死亡并引起较大的经济损失。另外，我国海水鱼类养殖主要是近海网箱、围网养殖，难以使用药物进行控制。分析认为，该病在海水鱼生长季节存在局部地区甚至大范围暴发并流行的风险。

建议今后应进一步加强监测，扩大对该病监测的地理范围和种类范围，增加监测频次，做到早发现、早采取措施；通过宣传、行政手段或制定相应的规章制度等，降低养殖密集区的网箱密度，减少刺激隐核虫病发病的诱因。

## 三、其他疫病监测

2014年，中国水产科学研究院黄海水产研究所OIE参考实验室在我国沿海多个省份开展了对虾的流行病学调查：

对435批次样品进行了传染性皮下和造血器官坏死病（IHHN）病原检测。其中，阳性样品53批次，阳性率12.18%；阳性样品主要是凡纳滨对虾和中国对虾。

对356批次样品进行了桃拉综合征（TS）病原检测。其中，阳性样品6批次，阳性率16.85%；阳性样品主要是凡纳滨对虾。

## 四、突发疫情

### （一）克氏原螯虾白斑综合征

2014年5月上旬，江苏省向农业部报告该省克氏原螯虾发生疑似白斑综合征疫病，经中国水产科学研究院黄海水产研究所（OIE白斑综合征病毒诊断参考实验室）确诊克氏原螯虾该疫病为白斑综合征。为此，农业部办公厅向我国克氏原螯虾主养区正式发文进行预警，并提出了防控要求。

### （二）异育银鲫鲫造血器官坏死病

2014年8月下旬，位于天津宁河县的某河北养殖场养殖鲫出现大量死亡，全国水产技术推广总站接到报告后，立即组织专家赴现场调查、采样。经北京市水产技术推广站和江苏省水生动物疫控中心诊断为鲫造血器官坏死病，病原为鲤疱疹病毒II型。全国水产技术推广总站同时组织相关专家和河北省、天津市相关管理人员及养殖生产人员座谈，指导开展防控工作。

# 第四章 其他相关工作

## 一、工作会议

全国水生动物疫病监测工作总结会

2014年，全国水生动物疫病监测工作总结会于11月25日在浙江杭州召开，各省、自治区、直辖市、计划单列市及新疆生产建设兵团水生动物防疫技术支撑机构，国家水生动物疫病专项监测首席专家，有关高校和院所专家，约100余人参加了会议。会议就2014年全国疫情监测、预警预报、水生动物检疫实验室能力测试、官方兽医师资培训、"远程辅助诊断网"服务、"无规定疫病苗种场"建设试点、水生动物防疫标准制修订等各项工作进行了全面总结，分析了我国水生动物疫病防控形势和我国水生动物防疫工作存在的主要问题，提出了对策与建议,部署了2015年工作。

2014年全国水生动物疫病监测工作总结会

## 二、技术培训

### （一）全国水生动物疾病远程辅助诊断服务网使用和监测技术培训

2014年3月5日，全国水产技术推广总站在厦门组织举办了全国水生动物疾病远程辅助诊断服务网使用和监测技术培训班，来自全国各地承担重大疫病专项监测任务的单位、河蟹养殖病害测报试点单位约60人参加了培训。培训班针对水生动物疫病专项监测采样技术要点、国外水生动物疫病防控现状、改版后"远诊网"功能和使用等内容作了专题讲解。

全国水生动物疾病远程辅助诊断服务网
使用和监测技术培训班

### （二）河蟹养殖病害测报网络报送技术培训

2014年4月14～15日，全国水产技术推广总站在南京举办了"河蟹养殖病害测报网络报送技术培训班"，来自全国12个试点省份的水产技术推广机构、水生动物疫病预防控制机构的负责人和各监测点测报员80余人参加了培训。培训班就河蟹养殖病害测报技术和网络报送操作技术进行了讲解。

水产养殖病害测报工作自2000年在全国启动至今已有15年，通过收集、汇总和分析全国水产养殖病害数据，为渔业主管部门科学决策和

河蟹养殖病害测报网络报送技术培训班

有效进行疫病防控提供了重要的技术支撑。为探索网络报送测报的可行性，全国水产技术推广总站组织实施了"河蟹养殖病害测报网络报送试点"工作，共在12个省（自治区、直辖市）的25个县设置了手机测报点60个，监测河蟹养殖面积1.71万hm²。全年共收到上传信息记录1 456个，平均每个手机监测点上传信息记录24 个。从试点情况来看，通过手机终端上报监测信息切实可行。

### （三）药敏试验技术培训

为推动水生动物细菌耐药性监测工作，全国水产技术推广总站联合有关院校、疫控机构继续组织开展了水产养殖动物药物敏感性技术培训。至2014年，共举办了5期药物敏感性试验技术培训班，培训人员150多人。同时，北京、江苏、广西等地水生动物防疫技术支撑机构，也组织实施了主要养殖品种致病菌的药物敏感性监测，指导水产养殖业者科学、规范地使用渔用兽药，保障养殖水产品质量安全。

## 三、实验室能力测试

为加强水生动物防疫系统实验室能力建设，推动实验室能力认证认可，加快建立本系统实验室考核管理制度，提高疫病监测检测准确性，2014年农业部组织开展水生动物防疫系统实验室检测能力测试，主要是验证和评价各参测机构对鲤春病毒血症、传染性造血器官坏死病、锦鲤疱疹病毒病、草鱼出血病、白斑综合征、传染性皮下和造血器官坏死病6种疫病的检测能力。由深圳出入境检验检疫局技术中心、中国水产科学研究院黄海水产研究所和中国检验检疫科学研究院，分别负责6种疫病病原的盲样制备和结果评估工作。全国共有43家单位参测，申报测试项目129个，有36家参测单位取得满意的检测结果。测试结果满意的项目数为98个，占申报测试项目数的76%，36家满意单位同时获得《2015年国家水生动物疫病监测计划》相应疫病检测实验室备选资格。

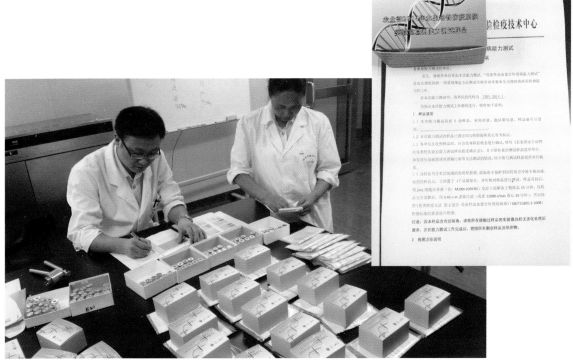

深圳出入境检验检疫局技术中心为参试单位发送样品

2014年水生动物检疫实验室能力测试总结及技术培训工作现场

2014年10月28日，全国水产技术推广总站在深圳举办了2014年水生动物检疫实验室能力测试总结培训，来自有关省（自治区、直辖市）水产技术推广机构、水生动物疫病预防控制机构、检测单位和科研、高校院所等40多个参测单位的60多位代表参加，有关专家对参会人员进行了技术培训，代表对能力测试情况也进行了讨论与交流。

## 四、"远诊网"服务

2014年，全国水产技术推广总站认真总结"水生动物疾病远程辅助诊断服务网"运行两年来的经验和不足，对网站进行了改版，更名为"全国水生动物疾病远程辅助诊断服务网（鱼病网）"（简称"远诊网")，并对版面栏目进行了重新设置。改版后的网站可免费为农渔民提供43个常见自助诊断品种、200种常见疾病、约10万多字和220多张图片的技术资料。至2014年年底，"远诊网"共建设国家级会诊平台1个、省级会诊平台30个、市级会诊平台6个、县级会诊平台18个、用户终端1 892个，覆盖27个省（自治区、直辖市），各地共投入资金5 390万元。全年发布水生动物防疫简讯211条，科普知识58条，预测预报144篇，累计访问近24万人次，为基层渔民会诊了1 227次病例，为减少水产养殖病害发生、促进渔民增收发挥了重要作用。

为进一步拓展"远诊网"的服务功能，2014年全国水产技术推广总站、天津市水产局、天津市水生动物疫病预防控中心等单位联合开展了"远诊网"诊疗网络化试点工作。全市共设立21个诊疗服务工作站，向养殖户发放IC卡722张，初步形成了"市-县-乡"3级诊疗服务网络，推动了天津市水生动物疫病监测及预警预报的快速通道的建立。

全国水生动物疾病远程辅助诊断服务网（鱼病网）首页

## 五、疫病区域化管理试点

2014年，全国水产技术推广总站组织开展了水生动物无规定疫病苗种场建设试点工作。在北京市水产技术推广站和天津市水生动物疫病预防控制中心的配合下，在北京市鑫淼水产总公司开展了锦鲤无规定疫病苗种场建设试点，在天津市凯润淡水养殖有限公司开展了俄罗斯鲤鱼无规定疫病苗种场建设试点。确定了具体的技术路线，并取得了阶段性进展，为下一步制定无规定疫病苗种场建设规范及无规定疫病苗种场评估标准打下了基础。

由中国水产科学研究院珠江水产研究所和江西省渔业局共同开展的我国首个无规定水生动物疫病区——江西省无草鱼出血病示范区建设项目，通过了由农业部渔业渔政管理局组织的阶段性验收。从2011年起，中国水产科学研究院珠江水产研究所与江西省渔业局合作，共同开展江西省无草鱼出血病区建设示范。经过3年的实践，提出了无疫区标准体系建设框架，制定了"可控、控制和无疫"分阶段实施目标，建立了无疫区物理屏障、管理屏障和生物屏障技术体系，为全国水生动物无疫病区建设提供了有效实践。

## 六、水产苗种产地检疫

自2011年农业部在全国启动水产苗种产地检疫工作以来，江苏、浙江、江西、湖南、广东、广西、青海、新疆等省（自治区）陆续出台了相关条例、规章和文件，明确了水产苗种产地检疫的主体及实施细则等。到2014年年底，全国已有545个区（县）启动了水产苗种产地检疫工作，检疫对象包括鲤春病毒血症、草鱼出血病、传染性造血器官坏死病、白斑综合征等10余种水生动物疫病。2014年，共检疫水产苗种9 650批次；数量713.6亿尾。

青海省渔业环境监测站技术人员采样

## 七、水生动物病原库共享服务

2014年，由上海海洋大学水生动物病原库整合各类渔业动植物病原资源而建立的培养物交流和共享体系作用日益显现，全年通过实物共享的形式，向上海水产研究所等29家高校、科研院所、企事业单位提供培养物74株，新收集培养物97株，可从"病原库"网络平台查询各种培养物实时信息。另外，中国水产科学研究院黄海水产研究所、中国水产科学研究院长江水产研究所、中国检验检疫科学研究院、深圳出入境检验检疫局技术中心、北京市水产技术推广站、天津市水生动物疫病预防控制中心、江苏省水生动物疫病预防控制中心，在病原微生物保藏、提供共享服务方面也发挥了重要作用。

## 八、国际交流合作

我国作为世界动物卫生组织（OIE）在亚太水产养殖中心网(NACA)成员，2014年向OIE报送了我国水生动物卫生状况；派员参加了OIE水生动物健康标准委员会会议、参加了OIE亚太地区水生动物应急处置技术研讨会、OIE《水生动物卫生法典》和《水生动物疾病诊断手册》评议意见咨询会、NACA水生动物健康专家顾问组会议和第九届亚洲鱼病大会。为进一步加强国际交流与合作，深圳出入境检验检疫局动植物检验检疫技术中心与美国地质调查局西部渔业研究中心共同申请的传染性造血器官坏死病结对项目获得OIE的资助。

2014年传染性造血器官坏死病结对项目工作会

# 附录1　水生动物防疫国家标准

| 序号 | 标准名称 | 标准号 |
|---|---|---|
| | 白斑综合征（WSD）诊断规程 | |
| 1 | 白斑综合征（WSD）诊断规程<br>第1部分：核酸探针斑点杂交检测法 | GB/T 28630.1—2012 |
| 2 | 白斑综合征（WSD）诊断规程<br>第2部分：套式PCR检测法 | GB/T 28630.2—2012 |
| 3 | 白斑综合征（WSD）诊断规程<br>第3部分：原位杂交检测法 | GB/T 28630.3—2012 |
| 4 | 白斑综合征（WSD）诊断规程<br>第4部分：组织病理学诊断法 | GB/T 28630.4—2012 |
| 5 | 白斑综合征（WSD）诊断规程<br>第5部分：新鲜组织的T-E染色法 | GB/T 28630.5—2012 |
| | 对虾传染性皮下及造血组织坏死病毒（IHHNV）检测方法 | |
| 6 | 对虾传染性皮下及造血组织坏死病毒<br>（IHHNV）检测PCR法 | GB/T 25878—2010 |
| | 鱼类检疫方法 | |
| 7 | 鱼类检疫方法<br>第1部分：传染性胰脏坏死病毒（IPNV） | GB/T 15805.1—2008 |
| 8 | 鱼类检疫方法<br>第2部分：传染性造血器官坏死病毒（IHNV） | GB/T 15805.2—2008 |
| 9 | 鱼类检疫方法<br>第3部分：病毒性出血性败血症病毒（VHSV） | GB/T 15805.3—2008 |
| 10 | 鱼类检疫方法<br>第4部分：斑点叉尾鮰病毒（CCV） | GB/T 15805.4—2008 |
| 11 | 鱼类检疫方法<br>第5部分：鲤春病毒血症病毒（SVCV） | GB/T 15805.5—2008 |
| 12 | 鱼类检疫方法<br>第6部分：杀鲑气单胞菌 | GB/T 15805.6—2008 |
| 13 | 鱼类检疫方法<br>第7部分：脑黏体虫 | GB/T 15805.7—2008 |

# 附录2　水生动物防疫行业标准

| 序号 | 标准名称 | 标准号 |
|---|---|---|
| 鱼类细胞系 | | |
| 1 | 鱼类细胞系<br>第1部分：胖头鲅肌肉细胞系（FHM） | SC/T 7016.1—2012 |
| 2 | 鱼类细胞系<br>第2部分：草鱼肾细胞系（CIK） | SC/T 7016.2—2012 |
| 3 | 鱼类细胞系<br>第3部分：草鱼卵巢细胞系（CO） | SC/T 7016.3—2012 |
| 4 | 鱼类细胞系<br>第4部分：虹鳟性腺细胞系（RTG-2） | SC/T 7016.4—2012 |
| 5 | 鱼类细胞系<br>第5部分：鲤上皮瘤细胞系（EPC） | SC/T 7016.5—2012 |
| 6 | 鱼类细胞系<br>第6部分：大鳞大麻哈鱼胚胎细胞系（CHSE） | SC/T 7016.6—2012 |
| 7 | 鱼类细胞系<br>第7部分：棕鲴细胞系（BB） | SC/T 7016.7—2012 |
| 8 | 鱼类细胞系<br>第8部分：斑点叉尾鲴卵巢细胞系（CCO） | SC/T 7016.8—2012 |
| 9 | 鱼类细胞系<br>第9部分：蓝鳃太阳鱼细胞系（BF-2） | SC/T 7016.9—2012 |
| 10 | 鱼类细胞系<br>第10部分：狗鱼性腺细胞系（PG） | SC/T 7016.10—2012 |
| 11 | 鱼类细胞系<br>第11部分：虹鳟肝细胞系（R1） | SC/T 7016.11—2012 |
| 12 | 鱼类细胞系<br>第12部分：鲤白血球细胞系（CLC） | SC/T 7016.12—2012 |
| 水生动物疾病术语与命名规则 | | |
| 13 | 水生动物疾病术语与命名规则<br>第1部分：水生动物疾病术语 | SC/T 7011.1—2007 |
| 14 | 水生动物疾病术语与命名规则<br>第2部分：水生动物疾病命名规则 | SC/T 7011.2—2007 |

（续）

| 序号 | 标准名称 | 标准号 |
|---|---|---|
| | 斑节对虾杆状病毒病诊断规程 | |
| 15 | 斑节对虾杆状病毒病诊断规程<br>第1部分：压片显微镜检测法 | SC/T 7202.1—2007 |
| 16 | 斑节对虾杆状病毒病诊断规程<br>第2部分：PCR检测法 | SC/T 7202.2—2007 |
| 17 | 斑节对虾杆状病毒病诊断规程<br>第3部分：组织病理学诊断法 | SC/T 7202.3—2007 |
| | 对虾肝胰腺细小病毒病诊断规程 | |
| 18 | 对虾肝胰腺细小病毒病诊断规程<br>第1部分：PCR检测法 | SC/T 7203.1—2007 |
| 19 | 对虾肝胰腺细小病毒病诊断规程<br>第2部分：组织病理学诊断法 | SC/T 7203.2—2007 |
| 20 | 对虾肝胰腺细小病毒病诊断规程<br>第3部分：新鲜组织的T-E染色法 | SC/T 7203.3—2007 |
| | 对虾桃拉综合征诊断规程 | |
| 21 | 对虾桃拉综合征诊断规程<br>第1部分：外观症状诊断法 | SC/T 7204.1—2007 |
| 22 | 对虾桃拉综合征诊断规程<br>第2部分：组织病理学诊断法 | SC/T 7204.2—2007 |
| 23 | 对虾桃拉综合征诊断规程<br>第3部分：RT-PCR检测法 | SC/T 7204.3—2007 |
| 24 | 对虾桃拉综合征诊断规程<br>第4部分：指示生物检测法 | SC/T 7204.4—2007 |
| | 牡蛎包纳米虫病诊断规程 | |
| 25 | 牡蛎包纳米虫病诊断规程<br>第1部分：组织印片的细胞学诊断法 | SC/T 7205.1—2007 |
| 26 | 牡蛎包纳米虫病诊断规程<br>第2部分：组织病理学诊断法 | SC/T 7205.1—2007 |
| 27 | 牡蛎包纳米虫病诊断规程<br>第3部分：透射电镜诊断法 | SC/T 7205.1—2007 |

(续)

| 序号 | 标准名称 | 标准号 |
|------|---------|--------|
| 牡蛎单孢子虫病诊断规程 | | |
| 28 | 牡蛎单孢子虫病诊断规程<br>第1部分：组织印片的细胞学诊断法 | SC/T 7206.1—2007 |
| 29 | 牡蛎单孢子虫病诊断规程<br>第2部分：组织病理学诊断法 | SC/T 7206.2—2007 |
| 30 | 牡蛎单孢子虫病诊断规程<br>第3部分：原位杂交诊断法 | SC/T 7206.3—2007 |
| 牡蛎马尔太虫病诊断规程 | | |
| 31 | 牡蛎马尔太虫病诊断规程<br>第1部分：组织印片的细胞学诊断法 | SC/T 7207.1—2007 |
| 32 | 牡蛎马尔太虫病诊断规程<br>第2部分：组织病理学诊断法 | SC/T 7207.2—2007 |
| 33 | 牡蛎马尔太虫病诊断规程<br>第3部分：透射电镜诊断法 | SC/T 7207.3—2007 |
| 牡蛎拍琴虫病诊断规程 | | |
| 34 | 牡蛎拍琴虫病诊断规程<br>第1部分：巯基乙酸盐培养诊断法 | SC/T 7208.1—2007 |
| 35 | 牡蛎拍琴虫病诊断规程<br>第2部分：组织病理学诊断法 | SC/T 7208.2—2007 |
| 牡蛎小胞虫病诊断规程 | | |
| 36 | 牡蛎小胞虫病诊断规程<br>第1部分：组织印片的细胞学诊断法 | SC/T 7209.1—2007 |
| 37 | 牡蛎小胞虫病诊断规程<br>第2部分：组织病理学诊断法 | SC/T 7209.2—2007 |
| 38 | 牡蛎小胞虫病诊断规程<br>第3部分：透射电镜诊断法 | SC/T 7209.3—2007 |

(续)

| 序号 | 标准名称 | 标准号 |
|---|---|---|
| | 鱼类细菌病检疫技术规程 | |
| 39 | 鱼类细菌病检疫技术规程<br>第1部分：通用技术 | SC/T 7201.1—2006 |
| 40 | 鱼类细菌病检疫技术规程<br>第2部分：柱状嗜纤维菌烂鳃病诊断方法 | SC/T 7201.2—2006 |
| 41 | 鱼类细菌病检疫技术规程<br>第3部分：嗜水气单胞菌及豚鼠气单胞菌肠炎病诊断方法 | SC/T 7201.3—2006 |
| 42 | 鱼类细菌病检疫技术规程<br>第4部分：荧光假单胞菌赤皮病诊断方法 | SC/T 7201.4—2006 |
| 43 | 鱼类细菌病检疫技术规程<br>第5部分：白皮假单胞菌白皮病诊断方法 | SC/T 7201.5—2006 |
| | 其他 | |
| 44 | 水生动物检疫实验技术规范 | SC/T 7014—2006 |
| 45 | 水生动物疫病风险评估通则 | SC/T 7017—2012 |
| 46 | 水生动物疫病流行病学调查规范<br>第1部分：鲤春病毒血症（SVC） | SC/T 7018.1—2012 |
| 47 | 刺激隐核虫病诊断规程 | SC/T 7217—2014 |
| 48 | 鱼类病毒性神经坏死病（VNN）诊断技术规程 | SC/T 7216—2012 |
| 49 | 鲴嗜麦芽寡养单胞菌检测方法 | SC/T 7213—2011 |
| 50 | 鲤疱疹病毒检测方法<br>第1部分：锦鲤疱疹病毒 | SC/T 7212.1—2011 |
| 51 | 鱼类简单异尖线虫幼虫检测方法 | SC/T 7210—2011 |
| 52 | 染疫水生动物无害化处理规程 | SC/T 7015—2011 |
| 53 | 传染性脾肾坏死病毒检测方法 | SC/T 7211—2011 |
| 54 | 鱼类爱德华氏菌检测方法<br>第1部分：迟缓爱德华氏菌 | SC/T 7214.1—2011 |
| 55 | 水生动物产地检疫采样技术规范 | SC/T 7013—2008 |
| 56 | 水产养殖动物病害经济损失计算方法 | SC/T 7012—2008 |
| 57 | 草鱼出血病细胞培养灭活疫苗 | SC 7701—2007 |

# 附录3 水生动物类执业兽医情况统计表

## （1）水生动物类执业兽医年龄构成

| 类别 | 总计 | 20~24岁 | | 25~34岁 | | 35~44岁 | | 45~49岁 | | 50岁以上 | |
|---|---|---|---|---|---|---|---|---|---|---|---|
| | | 人数 | 比例（%） | 人数 | 比例（%） | 人数 | 比例（%） | 人数 | 比例（%） | 人数 | 比例（%） |
| 执业兽医师 | 1393 | 251 | 18.02 | 350 | 25.13 | 274 | 19.67 | 275 | 19.74 | 243 | 17.44 |
| 助理执业兽医师 | 760 | 224 | 29.47 | 346 | 45.53 | 146 | 19.21 | 43 | 5.66 | 1 | 0.13 |

## （2）水生动物类执业兽医学历构成

| 类别 | 总计 | 博士生 | | 研究生 | | 本科 | | 大专 | | 专科以下 | |
|---|---|---|---|---|---|---|---|---|---|---|---|
| | | 人数 | 比例（%） | 人数 | 比例（%） | 人数 | 比例（%） | 人数 | 比例（%） | 人数 | 比例（%） |
| 执业兽医师 | 1393 | 24 | 1.72 | 155 | 11.13 | 1009 | 72.43 | 199 | 14.29 | 6 | 0.43 |
| 助理执业兽医师 | 760 | 2 | 0.26 | 88 | 11.58 | 458 | 60.26 | 206 | 27.11 | 6 | 0.79 |

## （3）水生动物类执业兽医职业构成

| 类别 | 总计 | 水产工作机构 | | 诊疗机构 | | 动物饲养场 | | 兽药生产经营 | | 科研教育 | | 学生 | | 其他 | |
|---|---|---|---|---|---|---|---|---|---|---|---|---|---|---|---|
| | | 人数 | 比例（%） | 人数 | 比例（%） | 人数 | 比例（%） | 人数 | 比例（%） | 人数 | 比例（%） | 人数 | 比例（%） | 人数 | 比例（%） |
| 执业兽医师 | 1393 | 487 | 34.96 | 17 | 1.22 | 287 | 20.60 | 156 | 11.20 | 78 | 5.60 | 152 | 10.91 | 216 | 15.51 |
| 助理执业兽医师 | 760 | 287 | 37.76 | 29 | 3.82 | 26 | 3.42 | 143 | 18.82 | 45 | 5.92 | 116 | 15.26 | 114 | 15.00 |

# 附录4　《2014年国家水生动物疫病监测计划》技术支撑单位和首席专家名单

（2014年7月农渔养函［2014］71号文公布）

| 一、鲤春病毒血症 | |
| --- | --- |
| 中国水产科学研究院珠江水产研究所 | 吴淑勤　研究员 |
| 深圳出入境检验检疫局技术中心 | 刘　荭　研究员 |
| 二、白斑综合征 | |
| 中国水产科学研究院黄海水产研究所 | 黄　健　研究员 |
| 三、锦鲤疱疹病毒病 | |
| 江苏省水生动物疫病预防控制中心 | 陈　辉　研究员 |
| 四、刺激隐核虫病 | |
| 福建省淡水研究所 | 樊海平　研究员 |
| 五、传染性造血器官坏死病 | |
| 北京市水产技术推广站 | 徐立蒲　研究员 |

# 附录5 《2014年国家水生动物疫病监测计划》实施情况汇总表

## （1）2014年鲤春病毒血症（SVC）监测情况汇总表

| 省份 | 监测养殖场点（个） | | | | | | | 抽样总数（批次） | 病原学检测 其中 | | | | | | | | 阳性样品总数（批次） | 检测结果 | | |
| --- | --- | --- | --- | --- | --- | --- | --- | --- | --- | --- | --- | --- | --- | --- | --- | --- | --- | --- | --- | --- |
| | 县数 | 乡镇数 | 苗种繁育场数 | 成鱼养殖场数 | 观赏养殖场数 | 其他场数 | 合计 | | 苗种 抽样数量 | 苗种 阳性样品数量 | 成鱼 抽样数量 | 成鱼 阳性样品数量 | 观赏用 抽样数量 | 观赏用 阳性样品数量 | 其他 抽样数量 | 其他 阳性样品数量 | | 阳性样品率(%) | 阳性品种 | 阳性处理措施 |
| 北京 | 6 | 21 | 1 | 1 | 37 | | 39 | 51 | 4 | | 1 | | 46 | 1 | | | 1 | 1.96 | 锦鲤 | Cl、M |
| 天津 | 7 | 13 | 3 | 20 | 2 | | 25 | 125 | 27 | 1 | 88 | 2 | 10 | | | | 3 | 2.40 | 鲤、鳙 | Cl、M、Z、O |
| 河北 | 13 | 18 | 11 | 46 | 1 | | 58 | 68 | 13 | | 53 | 1 | 2 | | | | 1 | 1.47 | 鲤 | Cl、M |
| 辽宁 | 6 | 18 | 14 | 6 | | | 20 | 30 | 14 | | 16 | | | | | | 0 | 0.00 | | |
| 吉林 | 22 | 26 | 35 | | | | 35 | 35 | 35 | | | | | | | | 0 | 0.00 | | |
| 黑龙江 | 6 | 17 | 3 | 32 | | | 35 | 35 | 3 | | 32 | | | | | | 0 | 0.00 | | |
| 上海 | 8 | 11 | | | 11 | | 11 | 25 | | | | | 25 | 4 | | | 4 | 16.00 | 鲤、金鱼 | Cl、Tsu |
| 江苏 | 41 | 53 | 46 | 10 | 4 | | 60 | 129 | 99 | 2 | 20 | | 10 | | | | 2 | 1.55 | 鲫、鲢 | Cl、M、Tsu |
| 安徽 | 12 | 24 | 32 | 20 | 9 | | 61 | 63 | 32 | | 20 | | 11 | | | | 0 | 0.00 | | |
| 江西 | 20 | 22 | 17 | 5 | | | 22 | 40 | 32 | 1 | 8 | 2 | | | | | 3 | 7.50 | 鲫 | Cl、M、O |
| 山东 | 12 | 18 | 1 | 19 | | | 20 | 40 | 2 | | 38 | | | | | | 0 | 0.00 | | |
| 河南 | 14 | 17 | 32 | 7 | 1 | | 40 | 40 | 32 | | 7 | | 1 | | | | 0 | 0.00 | | |
| 湖北 | 52 | 54 | 9 | 35 | 1 | | 45 | 54 | 9 | | 44 | 2 | 1 | | | | 2 | 3.70 | 鲤 | M、Z |
| 湖南 | 23 | 40 | 22 | 21 | 2 | | 45 | 73 | 29 | | 38 | | 6 | | | | 0 | 0.00 | | |
| 四川 | 7 | 10 | 13 | | 2 | | 15 | 25 | 22 | 5 | | | 3 | | | | 5 | 20.00 | 锦鲤、鲤、鲤 | Cl、M |
| 重庆 | 3 | 4 | 5 | | | | 5 | 25 | 25 | | | | | | | | 0 | 0.00 | | |
| 陕西 | 15 | 17 | 7 | 18 | 1 | | 26 | 30 | 7 | | 22 | | 1 | | | | 0 | 0.00 | | |
| 新疆 | 2 | 2 | | 3 | | | 3 | 3 | | | 3 | 1 | | | | | 1 | 33.33 | 鲤 | Cl、M |
| 合计 | 256 | 354 | 251 | 243 | 71 | | 565 | 891 | 385 | 9 | 390 | 8 | 116 | 5 | | | 22 | 2.47 | | |

注：阳性处理措施：消毒——Cl；监控——M；全面监测——Gsu；专项调查——Tsu；分区隔离——Z；治疗——Z；其他措施——O。下同。

## （2）2014年白斑综合征（WSD）监测情况汇总表

| 省份 | 监测养殖场点（个） | | | | | | | 抽样总数（批次） | 病原学检测 | | | | | | | | | | | |
| | 县数 | 乡镇数 | 苗种繁育场场数 | 成鱼养殖场场数 | 观赏养殖场场数 | 其他场场数 | 监测养殖场点合计 | | 其中（批次） | | | | | | | | 阳性样品总数（批次） | 阳性样品率（%） | 阳性品种 | 阳性处理措施 |
| | | | | | | | | | 苗种 抽样品数量 | 苗种 阳性品数量 | 成鱼 抽样品数量 | 成鱼 阳性品数量 | 观赏用 抽样品数量 | 观赏用 阳性品数量 | 其他 抽样品数量 | 其他 阳性品数量 | 检测结果 | | | |
| 天津 | 8 | 20 | 19 | 19 | | | 38 | 111 | 84 | | 27 | 19 | | | | | 19 | 17.12 | 凡纳滨对虾 | Tsu |
| 河北 | 4 | 6 | 13 | 21 | | | 34 | 40 | 14 | 1 | 26 | 13 | | | | | 14 | 35.00 | 凡纳滨对虾、中国对虾、日本对虾 | Cl |
| 辽宁 | 5 | 9 | 4 | 23 | | | 27 | 50 | 8 | | 42 | | | | | | 0 | 0.00 | | |
| 江苏 | 25 | 54 | 36 | 33 | | | 69 | 169 | 66 | 5 | 103 | 34 | | | | | 39 | 23.08 | 凡纳滨对虾、克氏原螯虾、河蟹 | Cl、M、Tsu |
| 浙江 | 8 | 14 | 13 | 12 | | | 25 | 50 | 26 | | 24 | 5 | | | | | 5 | 10.00 | 凡纳滨对虾 | M |
| 福建 | 4 | 6 | 4 | 2 | | | 6 | 51 | 30 | 21 | 21 | 12 | | | | | 33 | 64.71 | 凡纳滨对虾 | M |
| 广东 | 8 | 13 | 61 | 60 | | | 121 | 436 | 145 | 16 | 291 | 21 | | | | | 37 | 8.49 | 凡纳滨对虾 | M |
| 广西 | 6 | 15 | 45 | 43 | | | 88 | 145 | 54 | 7 | 91 | 12 | | | | | 19 | 13.10 | 凡纳滨对虾 | Cl |
| 山东 | 22 | 30 | 20 | 66 | | | 86 | 100 | 34 | 5 | 66 | 20 | | | | | 25 | 25.00 | 凡纳滨对虾、中国对虾 | Cl、M |
| 合计 | 90 | 167 | 215 | 279 | | | 494 | 1152 | 461 | 55 | 691 | 136 | | | | | 191 | 16.58 | | |

## （3）2014年传染性造血器官坏死病（IHN）监测情况汇总表

| 省份 | 监测养殖场点（个） | | | | | 抽样总数（批次） | 病原学检测 | | | | | | | | | | | |
| | 县数 | 乡镇数 | 苗种繁育场场数 | 成鱼养殖场场数 | 监测养殖场点合计 | | 其中（批次） | | | | | | | | 阳性样品总数（批次） | 阳性样品率（%） | 阳性品种 | 阳性处理措施 |
| | | | | | | | 苗种 抽样品数量 | 苗种 阳性品数量 | 成鱼 抽样品数量 | 成鱼 阳性品数量 | 观赏用 抽样品数量 | 观赏用 阳性品数量 | 其他 抽样品数量 | 其他 阳性品数量 | 检测结果 | | | |
| 北京 | 3 | 7 | 10 | 6 | 16 | 34 | 23 | 5 | 11 | 7 | | | | | 12 | 35.29 | 虹鳟、硬头鳟、金头鳟 | Cl |
| 河北 | 12 | 14 | 1 | 38 | 39 | 79 | 1 | | 78 | 39 | | | | | 39 | 49.37 | 虹鳟、鲤 | Cl |
| 辽宁 | 4 | 14 | 2 | 53 | 55 | 90 | 4 | | 86 | | | | | | 0 | 0.00 | | |
| 山东 | 4 | 5 | 2 | 8 | 10 | 20 | 2 | 2 | 18 | 8 | | | | | 10 | 50.00 | 虹鳟 | Cl、M |
| 甘肃 | 4 | 4 | 2 | 6 | 8 | 75 | 29 | | 46 | | | | | | 0 | 0.00 | | |
| 合计 | 27 | 44 | 17 | 111 | 128 | 298 | 59 | 7 | 239 | 54 | | | | | 61 | 20.47 | | |

## （4）2014年锦鲤疱疹病毒病（KHVD）监测情况汇总表

| 省份 | 监测养殖场点（个） | | | | | | | 抽样总数（批次） | 病原学检测 | | | | | | | | | | 检测结果 | |
|---|---|---|---|---|---|---|---|---|---|---|---|---|---|---|---|---|---|---|---|---|
| | 县数 | 乡镇数 | 苗种繁育场场数 | 成鱼养殖场场数 | 观赏养殖场数 | 其他场场数 | 合计 | | 苗种 | | 成鱼 | | 观赏用 | | 其他 | | 阳性样品总数（批次） | 阳性样品率（%） | 阳性品种 | 阳性处理措施 |
| | | | | | | | | | 抽样品数量 | 阳性样品数量 | 抽样品数量 | 阳性样品数量 | 抽样品数量 | 阳性样品数量 | 抽样品数量 | 阳性样品数量 | | | | |
| 北京 | 5 | 9 | 1 | 2 | 14 | | 17 | 20 | 2 | | 2 | | 16 | | | | 0 | 0.00 | | |
| 天津 | 6 | 12 | | 10 | 5 | | 15 | 23 | | | 12 | | 11 | | | | 0 | 0.00 | | |
| 河北 | 9 | 12 | 2 | 21 | | | 23 | 23 | 2 | | 21 | | | | | | 0 | 0.00 | | |
| 辽宁 | 6 | 12 | 1 | | 20 | | 21 | 33 | 1 | | | | 32 | | | | 0 | 0.00 | | |
| 吉林 | 8 | 15 | 20 | | | | 20 | 20 | 20 | | | | | | | | 0 | 0.00 | | |
| 黑龙江 | 4 | 10 | | 20 | | | 20 | 20 | | | 20 | | | | | | 0 | 0.00 | | |
| 江苏 | 10 | 15 | 2 | | 15 | | 17 | 33 | 4 | | | | 29 | 1 | | | 1 | 3.03 | 锦鲤 | Cl |
| 浙江 | 8 | 10 | | 2 | 8 | | 10 | 20 | | | 4 | | 16 | | | | 0 | 0.00 | | |
| 安徽 | 4 | 13 | 21 | | 3 | | 24 | 25 | 22 | | | | 3 | | | | 0 | 0.00 | | |
| 江西 | 13 | 14 | 12 | 2 | | | 14 | 25 | 22 | | 3 | | | | | | 0 | 0.00 | | |
| 广西 | 3 | 7 | 19 | | | | 19 | 31 | 31 | 3 | | | | | | | 3 | 9.68 | 鲤 | Gsu |
| 四川 | 3 | 3 | 6 | | | | 6 | 15 | 15 | | | | | | | | 0 | 0.00 | | |
| 重庆 | 3 | 3 | | 10 | | | 10 | 15 | | | 15 | | | | | | 0 | 0.00 | | |
| 甘肃 | 4 | 4 | 2 | 2 | | | 4 | 15 | 10 | | 5 | | | | | | 0 | 0.00 | | |
| 合计 | 68 | 127 | 86 | 69 | 65 | | 220 | 318 | 129 | 3 | 82 | | 107 | 1 | | | 4 | 1.26 | | |

## （5）2014年刺激隐核虫病监测情况汇总表

| 省份 | 监测养殖场点（个） | | | | | | | 抽样总数（批次） | 病原学检测 | | | | | | | | | | 检测结果 | |
|---|---|---|---|---|---|---|---|---|---|---|---|---|---|---|---|---|---|---|---|---|
| | 县数 | 乡镇数 | 苗种繁育场场数 | 成鱼养殖场场数 | 观赏养殖场数 | 其他场场数 | 合计 | | 苗种 | | 成鱼 | | 观赏用 | | 其他 | | 阳性样品总数（批次） | 阳性样品率（%） | 阳性品种 | 阳性处理措施 |
| | | | | | | | | | 抽样品数量 | 阳性样品数量 | 抽样品数量 | 阳性样品数量 | 抽样品数量 | 阳性样品数量 | 抽样品数量 | 阳性样品数量 | | | | |
| 浙江 | 2 | 3 | | 4 | | | 4 | 60 | | | 60 | 8 | | | | | 8 | 13.33 | 大黄鱼 | Cl、M |
| 福建 | 6 | 9 | 2 | 48 | | | 50 | 156 | 20 | 14 | 136 | 31 | | | | | 45 | 28.85 | 大黄鱼 | Cl、M |
| 广东 | 8 | 15 | | 17 | | | 17 | 368 | | | 368 | 43 | | | | | 43 | 11.68 | 卵形鲳鲹、斑鱼、青石斑鱼、斑拟石首鱼 | Cl、M |
| 合计 | 16 | 27 | 2 | 69 | | | 71 | 584 | 20 | 14 | 564 | 82 | | | | | 96 | 16.44 | | |

**图书在版编目（ＣＩＰ）数据**

2014年中国水生动物卫生状况报告/农业部渔业渔政管理局组编. －北京：中国农业出版社，2015.8
ISBN 978-7-109-20844-5

Ⅰ.①2… Ⅱ.①农… Ⅲ.①水生动物－卫生管理－研究报告－中国－2014 Ⅳ.①S94

中国版本图书馆CIP数据核字(2015)第200939号

中国农业出版社出版
（北京市朝阳区农展馆北路2号）
（邮政编码100125）
责任编辑　林珠英　黄向阳

北京中科印刷有限公司印刷　新华书店北京发行所发行
2015年8月第1版　2015年8月北京第1次印刷

开本：889mm×1194 1/16　印张：4.25
字数：130千字
定价：68.00元
（凡本版图书出现印刷、装订错误，请向出版社发行部调换）